Ernst Probst

Pelagornis

Der größte Meeresvogel

GRIN Verlag

Bibliografische Information der Deutschen Nationalbibliothek:

Die Deutsche Bibliothek verzeichnet diese Publikation in der Deutschen National-
bibliografie; detaillierte bibliografische Daten sind im Internet über http://dnb.d-
nb.de/ abrufbar.

Impressum:

Copyright © 2014 GRIN Verlag GmbH
Druck und Bindung: Books on Demand GmbH, Norderstedt Germany
ISBN: 978-3-656-75526-5

Dieses Buch bei GRIN:

http://www.grin.com/de/e-book/281525/pelagornis

Ernst Probst

Pelagornis

Der größte Meeresvogel

*Allen Ornithologen und Paläornithologen
gewidmet*

Pseudozahn-Vogel Pelagornis,
Illustration von Kelly Lance,
Science & Technology Illustration & Design,
http://www.kellylance.com

Vorwort

Vogel mit Pseudozähnen

Ein riesiger Vogel mit einer Flügelspannweite von schätzungsweise 6,40 Metern steht im Mittelpunkt des Taschenbuches „Pelagornis – Der größte Meeresvogel". Dieser „Riese der Lüfte" gilt heute als der größte Meeresvogel aller Zeiten. Selbst die größten Adler, Albatrosse und Kondore aus der Gegenwart sind kaum halb so groß wie die Art *Pelagornis sandersi.* Jener Rekord-Vogel gehört zur Familie der Pseudozahn-Vögel (Pelagornithidae), die im Eozän vor 55,8 Millionen Jahren bis zum Pliozän vor 3 Millionen Jahren weltweit mit verschiedenen Gattungen und Arten vertreten war. Funde jener Meeresvögel hat man in der Antarktis, England, Nigeria, South Carolina, im Kaukasus, in Frankreich und Neuseeland geborgen. Die Pseudozahn-Vögel trugen an den Seiten ihrer großen Schnäbel zahlreiche zahnartige, knöcherne Auswüchse des Oberkiefers und Unterkiefers. Sie verhinderten, dass ein aus dem Meer gefischtes Beutetier wieder entglitt. Verfasser des Taschenbuches „Pelagornis – Der größte Meeresvogel" ist der Wiesbadener Wissenschaftsautor Ernst Probst, der zahlreiche Werke über urzeitliche Tiere geschrieben hat.

Ausgestorbener Greifvogel Argentavis magnificens aus Argentinien mit acht Metern Flügelspannweite
von Stanton F. Fink bei „Wikipedia"

Der größte Meeresvogel

Pelagornis sandersi

Erst seit 2014 gilt der bisher nur durch einen einzigen Fund in Nordamerika nachgewiesene *Pelagornis sandersi* aus dem Oligozän vor etwa 28 bis 25 Millionen Jahren als der größte Meeresvogel. Seine imposante Flügelspannweite von schätzungsweise 6,40 Metern übertrifft diejenige heutiger „Riesen der Lüfte" wie Adler, Albatross und Kondor um mehr als das Doppelte. Nur der ausgestorbene Greifvogel *Argentavis magnificens* aus Argentinien mit 8 Metern Flügelspannweite hat *Pelagornis sandersi* noch übertrumpft.

Fossile Reste dieses riesigen Urzeit-Vogels kamen 1983 bei der Erweiterung des Flughafens von Charleston in South Carolina (USA) ans Tageslicht, als ein neues Terminal errichtet wurde. Entdecker war James Malcolm, ein freiwilliger Mitarbeiter des „Charleston Museum", der an den Ausgrabungen unter Leitung des damaligen Kurators Albert Sanders teilgenommen hatte.

Zu Lebzeiten jenes Tieres war die Fundgegend vom Ozean bedeckt gewesen. Für die Bergung besonders großer Knochen dieses imposanten Vogels benötigte man einen Bagger. Zum Fundgut gehörten der Schädel sowie Flügel- und Beinknochen. Allein der obere Flügelknochen war länger als der Arm eines heutigen Menschen. Paläontologen im „Charleston Museum" präparierten die Knochen in langwieriger Arbeit. Die wissenschaftliche Erstbeschreibung von *Pelagornis sandersi* erfolgte erst 2014 durch den amerikanischen Paläontologen Daniel („Dan") T. Ksepka, Kurator am „Bruce Museum" in Greenwich (Connecticut). Er benannte diesen Vogel als *Pelagornis sandersi*. Der Artname *sandersi* erinnert an den Ausgrabungsleiter Albert Sanders.

Pelagornis sandersi gehört zur Familie der Pseudozahn-Vögel (Pelagornithidae), die 1888 durch den deutschen Anatom und Ornithologen Max Carl Anton Fürbringer (1846–1920) erstmals wissenschaftlich

*Amerikanischenr Paläontologe Daniel („Dan") T. Ksepka,
Zeichnung von Antje Püpke, Berlin, www.fixebilder.de*

beschrieben wurde. Solche Vögel trugen an den Seiten ihrer großen Schnäbel zahlreiche zahnartige, knöcherne Auswüchse des Oberkiefers und Unterkiefers. Diese Pseudozähne verhinderten, dass ein gefangenes Beutetier wieder entglitt. „Heutzutage existiert nichts mehr, was ihnen gleicht", sagt der Paläontologe Dan Ksepka über die Pseudozahn-Vögel.

Pseudozahn-Vögel existierten vom Eozän vor 55,8 Millionen Jahren bis zum Pliozän vor 3 Millionen Jahren weltweit. Fossile Reste dieser Meeresvögel kennt man aus dem Eozän in der Antarktis, in England und Nigeria, aus dem Oligozän in South Carolina und dem Kaukasus sowie aus dem Miozän in Frankreich, Nordamerika und Neuseeland. Während des Tertiär (66 bis 2,6 Millionen Jahre) waren die Pseudozahn-Vögel die größten Meeresvögel. Manche Experten vermuten, sie hätten die Entwicklung noch größerer Albatrosse verhindert.

Zur Familie der Pseudozahn-Vögel gehören folgende Gattungen:

Caspiodontornis (Erstbeschreibung durch S. M. Aslanova
und N. I. Burchaka-Abramovich 1982),

Cyphornis (Edward Drinker Cope 1894),

Dasornis (Richard Owen 1870),

Gigantornis (Charles Williams Andrews 1916),
6 Meter Flügelspannweite

Macrodontopteryx (Colin Harrison und Cyril Walker 1976),

Odontopteryx (Richard Owen 1873)

Osteodontornis (Hildegarde Howard 1957),

Palaeochenoides (Robert Wilson Shufeldt 1910),

Pelagornis (Édouard Lartet 1857)

Pseudodontornis (Kálmán Lambrecht 1930),

Tympanoneisiotes (J. A. Hopson 1974)

Die Gattung *Pelagornis* („Seevogel") wurde 1857 durch den französischen Juristen und Paläontologen Édouard Lartet (1801–1871) erstmals wissenschaftlich beschrieben. Zu ihr gehören vier Arten: *Pelagornis miocaenicus* aus dem Unter- und Mittelmiozän von Frankreich (1857 nach einem linken Oberarmknochen von Armagnac durch Édouard

Französischer Jurist und Paläontologe
Édouard Lartet (1801–1871)

Lartet beschrieben), *Pelagornis mauretanicus* aus dem späten Pliozän von Marokko (2008 durch Cécile Mourer-Chauviré und Denis Geraads beschrieben), *Pelagornis chilensis* aus dem Obermiozän von Chile (2010 durch Gerald Mayr und David Rubilar-Rogers beschrieben) und *Pelagornis sandersi* aus dem Oligozän von South Carolina (wie erwähnt 2014 von Daniel Ksepka beschrieben).

Anhand der fossilen Knochen vom Flughafen von Charleston errechneten Forscher für den Riesenvogel eine Flügelspannweite von rund 6,40 Metern. Mit dieser beeindruckenden Spannweite liegt *Pelagornis sandersi* über der von Modellberechnungen vorhergesagten maximalen Größe eines flugfähigen Vogels. Den Modellberechnungen zufolge reicht die Kraft ab etwa 5,10 Metern Spannweite nicht mehr aus, um mit Flügeln schlagen zu können.

Um herauszufinden, ob der Urzeit-Vogel *Pelagornis sandersi* trotz seiner übergroßen Spannweite fliegen konnte, trugen Ksepka und Kollegen die Daten des Fossilfundes in eine Computer-Simulation zur Aerodynamik des Vogelflugs ein. Dem Ergebnis zufolge war *Pelagornis sandersi* vermutlich zu groß, um sich aus dem Stand mit Flügelschlägen in die Luft zu erheben, wie es beispielsweise ein heutiger Adler schafft. Doch *Pelagornis sandersi* konnte mit Anlauf starten, wenn er gegen den Wind bergab rannte oder sich von hohen Felsen in die Luft stürzte, wie man es bei dem urzeitlichen Greifvogel *Argentavis magnificens* vemutet. Wenn er sich aber in der Luft befand, konnte *Pelagornis sandersi* bei günstigen Windverhältnissen mit seinen langen und dünnen Schwingen Dutzende von Kilometern dahingleiten, ohne mit den Flügeln zu schlagen. Auf ähnliche Weise überqueren Albatrosse heute ohne großen Energieaufwand ganze Ozeane.

Der Riesenvogel *Pelagornis sandersi* hatte leichte Knochen, lange und schmale Flügel sowie kurze stummelartige Beine. Sein Lebendgewicht wird auf 22 bis 40 Kilogramm geschätzt. Beim Segelflug soll er eine Höchstgeschwindigkeit von maximal 60 Stundenkilometern erreicht

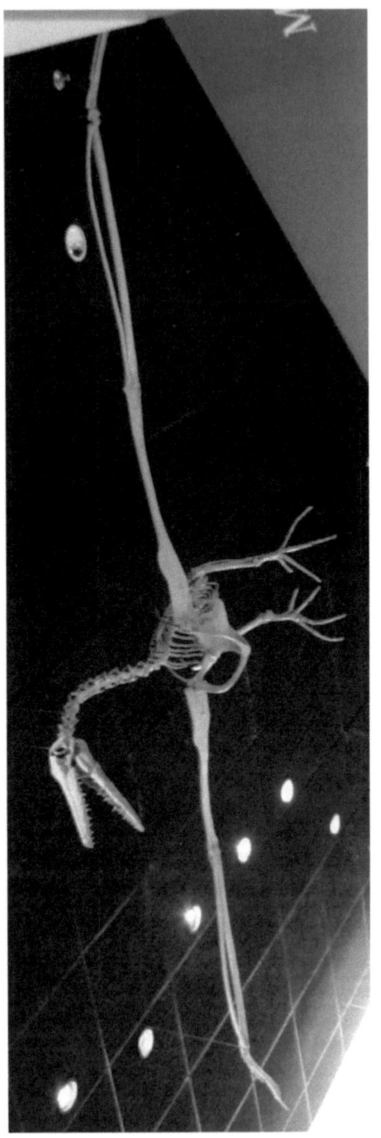

Foto auf Seite 12:

*Skelettrekonstruktion
von Pelagornis miocaenicus
im „National Museum
of Natural History",
Washington D.C.*

Foto auf Seite 13 oben:

*Schädel von
Pelagornis mauretanicus,
63 Zentimeter lang*

Zeichnung auf Seite 13 unten:

*Schädel mit Zähnen
von Pelagornis mauretanicus,
Zeichnung aus:
Structure and Growth Pattern
of Pseudoteeth in Pelagornis
mauretanicus (Aves,
Odontopterygiformes,
Pelagornithidae) von
Jean-Yves Sire,
Cécile Mourer-Chauviré,
Denis Geraads,
Laurent Viriot,
Vivian de Buffrénil*

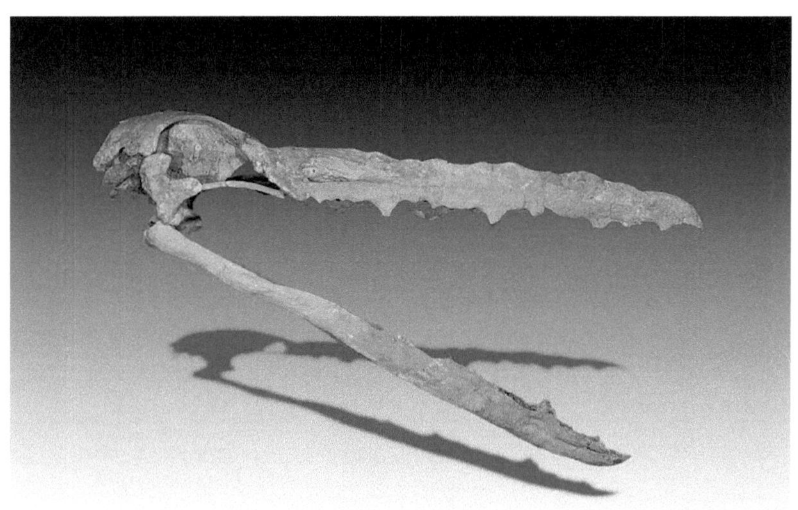

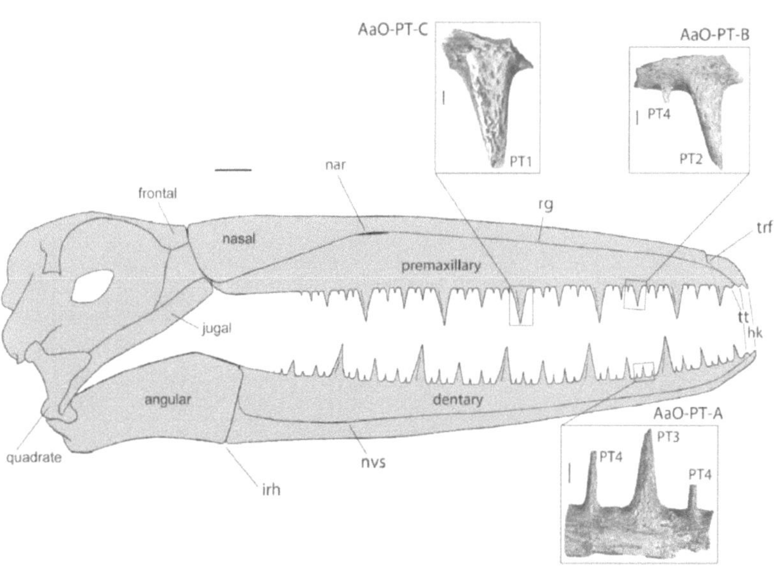

AaO-PT-C
PT1
AaO-PT-B
PT4
PT2
nar
rg
frontal
trf
nasal
premaxillary
jugal
tt
hk
angular
dentary
quadrate
nvs
AaO-PT-A
PT4
PT3
PT4
irh

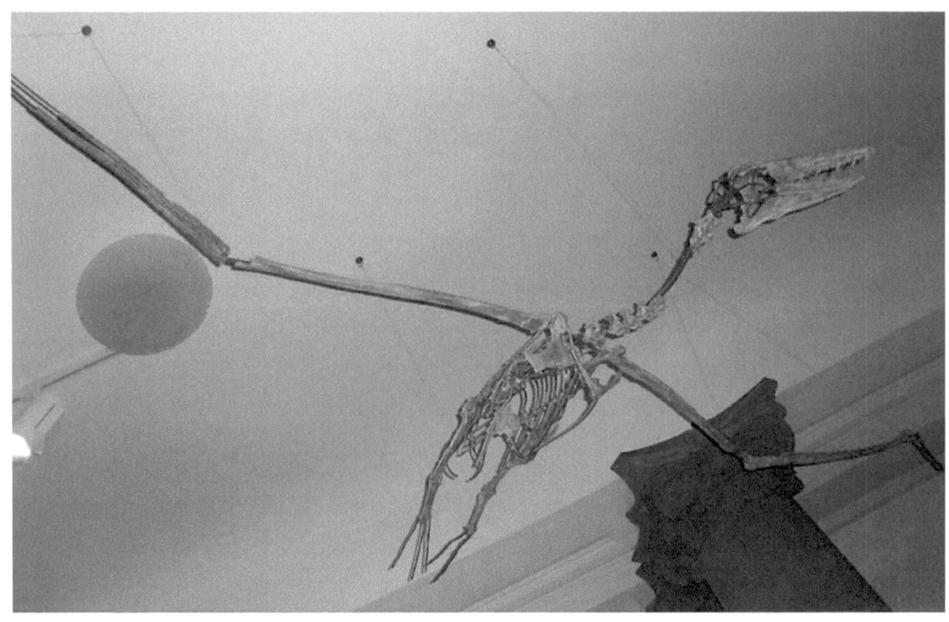

Skelettrekonstrukton von Pelagornis chilensis
im Vogelsaal des „Senckenberg-Museums" in Frankfurt am Main

haben. Seine Knochen waren für das Tauchen und den Start von der Meeresoberfläche aus zu fragil. Sobald *Pelagornis sandersi* beim Segelflug auf hoher See ein Beutetier im Meer erspähte, segelte er herab und schnappte es mit seinem Schnabel. In der Luft war *Pelagornis sandersi* ein guter Gleiter. Aber an Land dürfte er ein ähnlich tollpatschiger Vogel wie ein Albatross aus der Gegenwart gewesen sein. In der deutschen Zeitschrift „Spektrum der Wissenschaft" wurde *Pelagornis sandersi* 2014 als „der A380 unter den Vögeln" bezeichnet. Der 73 Meter lange Superjumbo „Airbus A380" mit einer Spannweite von 80 Metern gilt als das größte zivile Verkehrsflugzeug, das bisher in Serienfertigung produziert wurde.

Pelagornis chilensis

Etwas kleiner als *Pelagornis sandersi* ist die durch einen Fund aus Chile nachgewiesene Art *Pelagornis chilensis* aus dem Obermiozän vor etwa 7 Millionen Jahren. Ihre Flügelspannweite betrug mindestens 5,25 Meter, vielleicht aber auch 6,10 Meter. Der erste Fund glückte einem Fossiliensammler in der Atacama-Wüste, ca. 10 Kilometer südlich der nordchilenischen Gemeinde Bahia Inglesia, an der seit 2007 wissenschaftlich beschriebenen Fundstelle El Morro. Dort sind fossile Wirbeltier-Reste in Meeresablagerungen überliefert. Das Alter der Fundschicht ließ sich durch eine Strontiumisotopen-Analyse ermitteln. Der seltene Vogelfund wurde zunächst von einem deutschen Fossiliensammler gekauft. Dieser erkannte die wissenschaftliche Bedeutung des Fundes und nahm 2008 mit Gerald Mayr, dem Leiter der Sektion Ornithologie des „Forschungsinstituts Senckenberg" in Frankfurt am Main, Kontakt auf. Die „Senckenberg Gesellschaft für Naturforschung" erwarb das Fossil und gab es an das Herkunftsland Chile zurück. Der Originalfund wird seitdem im „Museo Nacional de Historia Natural" in Santiago de Chile unter der Archivnummer

*Deutscher Paläornithologe
Gerald Mayr*

„MNHN SGO.PV 1061" aufbewahrt. Ein rekonstruiertes Skelett schwebt seit Herbst 2010 im Vogelsaal des „Senckenberg-Museums" in Frankfurt am Main.

Die wissenschaftliche Erstbeschreibung erfolgte 2010 durch den deutschen Paläornithologen Gerald Mayr und den chilenischen Paläontologen David Rubilar-Rogers. Sie schlugen für die bisher unbekannte Art den Namen *Pelagornis chilensis* vor. „Obwohl diese Tiere wie Kreaturen aus Jurassic Park wirken, waren es bereits echte Vögel", sagte Mayr mit einem Blick auf die langen, gut erhaltenen Kiefer, aus denen skurril wirkende, zahnähnliche Knochenfortsätze ragen. Sein Co-Autor David Rubilar-Rogers vom „Museo Nacional de Historia Natural" erklärte: „*Palegornis chilensis* vertieft in hohem Maß unser Wissen vom Erscheinungsbild einer der faszinierendsten Tiergruppen, die einst den Himmel durchquert haben".

Das fossile Skelett des Erstfundes von *Pelagornis chilensis* ist zu 70 Prozent erhalten. Dank des guten Erhaltungszustandes ließen sich die beiden Flügel von *Pelagornis chilensis* zuverlässig rekonstruieren. Jeder Flügel erreichte eine Länge von ungefähr 2,20 Metern und war damit etwa doppelt so lang wie derjenige eines heutigen Wanderalbatross *(Diomeda exulans)*. Weil das Gefieder nicht erhalten geblieben ist, konnte man die Flügelspannweite von *Pelagornis chilensis* nur vom Knochenbau ableiten. Deshalb gilt die geschätzte Flügelspannweite von 5,25 Metern nur als Untergrenze. In der Erstbeschreibung wiesen Mayr und Rubilar darauf hin, dass die Schwungfedern des Albatross 1,7 Mal so lang sind wie seine Elle. Übertragen auf das Fossil von *Pelagornis chilensis* ergäbe das eine mögliche Flügelspannweite von sogar 6,10 Metern.

Größere Maße, die vor der Erstbeschreibung von *Pelagornis chilensis* im Jahre 2010 für einige andere Urzeit-Vögel angegeben wurden, basieren laut Gerald Mayr auf Schätzungen weitaus schlechter erhaltener Funde, die nur als stark zerbrochene Fragmente geborgen

Elfter Fund des Urvogels Archaeopteryx
(Thermopolis-Exemplar)

werden konnten. „Die meist nur bruchstückhafte Erhaltung der fragilen Knochen sind der Grund dafür, dass bisher veröffentlichte Untersuchungsergebnisse zur Flügelspannweite dieser Vögel auf Schätzungen beruhen", erläuterte Gerald Mayr.

Der Kopf von *Pelagornis chilensis* ist 45 Zentimeter lang. Auf dem 41,4 Zentimeter langen Unterkiefer befanden sich zu beiden Seiten jeweils 20 knöcherne Pseudo-Zähne, die für die Familie der Pseudozahn-Vögel typisch sind. Das Lebendgewicht von *Pelagornis chilensis* wird auf 16 bis 29 Kilogramm geschätzt. Ernährt hat sich dieser große Seevogel von Tintenfischen und anderen glitschigen Meerestieren, die er im Segelflug von der Oberfläche des Pazifik fischte.

Der Neufund von *Pelagornis chilensis* hat Gerald Mayr und David Rubilar-Rogers veranlasst, in ihrer Erstbeschreibung auch die bisherige Zuordnung dieser Vögel zu revidieren. Sie schlagen vor, alle Arten der Pseudozahn-Vögel aus dem Neogen vor etwa 23 bis 5 Millionen Jahren in der Gruppe *Pelagornis* zusammenzufassen.

Gerald Mayr promovierte 1997 an der „Humboldt-Universität Berlin" mit einer Doktorarbeit über Kleinvögel aus dem Mitteleozän der Grube Messel bei Darmstadt in Hessen. Seit 1997 arbeitet er am „Forschungsinstitut Senckenberg" in Frankfurt am Main, wo er Kurator für Ornithologie ist. Er befasste sich insbesondere mit der Vogelwelt des Paläogen vor etwa 66 bis 2,6 Millionen Jahren und gilt als Experte für fossile Vögel aus der Grube Messel. Zu seinen Erstbeschreibungen gehört – wie erwähnt – der ausgestorbene Pseudozahn-Vogel *Pelagornis chilenesis* aus Chile mit David Rubilar-Rogers als Co-Autor. *Pelagornis chilensis* lebte im Obermiozän vor rund 10 bis 5 Millionen Jahren an der Meeresküste von Chile. Mit Kollegen untersuchte Mayr den elften Fund des Urvogels *Archaeopteryx* (Thermopolis-Exemplar) aus der Oberjurazeit vor etwa 150 Millionen Jahren in Bayern und fand deutliche Hinweise auf eine Verwandtschaft zu zweibeinigen Raub-Dinosauriern (Theropoden) wie Deinonychosaurier oder Dromaeosaurier. 2013 wurde Gerald Mayr mit dem „Maria-Koepcke-Preis" der

*Amerikanische Paläornithologin Hildegarde Howard (1901–1998),
Zeichnung von Antje Püpke, Berlin, www.fixebilder.de*

„Deutschen Ornithologen-Gesellschaft" ausgezeichnet. Einen Schwerpunkt seiner Arbeit bildeten Studien vor allem zur Stammesgeschichte der Segler und Schwalme, der Papageien, Kolibris, Flamingos sowie zur evolutiven Herausbildung der Sperlingsvögel (Passeriformes). In diesen Studien hat Mayr morphologische Merkmale fossiler und gegenwärtiger Vögel kombiniert und seine Ergebnisse im Licht molekularer Untersuchungen diskutiert. „Damit erreichte die stammesgeschichtliche ornithologische Forschung eine selten erreichte methodische Breite, was zu einem enormen Erkenntniszuwachs auf diesem Gebiet in kurzer Zeit führte", urteilte die „Deutsche Ornithologen-Gesellschaft".

Osteodontornis

Ein riesiger Meeresvogel war *Osteodontornis orri*, der im Untermiozän vor etwa 20 Millionen Jahren bis zum Obermiozän vor rund 6 Millionen Jahren in Nordamerika existierte. Er erreichte eine Flügelspannweite bis zu 6 Metern und – wenn er auf dem Boden stand – eine Höhe von maximal 1,20 Metern.

Osteodontornis orri („Orr's Knochenzahn-Vogel") wurde 1957 durch die amerikanische Paläornithologin Hildegarde Howard (1901–1998) erstmals wissenschaftlich beschrieben. Der Gattungsname *Osteodontornis* (osteon = Knochen, odous = Zahn, ornis = Vogel") bedeutet „Knochenzahn-Vogel". Mit dem Artnamen *orri* ehrte Howard den amerikanischen Farmer, Lehrer, Geschäftsmann, Naturforscher und Archäologen Ellison Orr (1857–1951).

Die am 3. April 1901 in Washington D.C. geborene Hildegarde Howard war die Tochter eines Drehbuchschreibers sowie einer Musikerin und Komponistin. Ab 1920 studierte sie Biologie und Paläontologie an der „University of California" in Los Angeles („UCLA") und an der „University of California" in Berkeley. 1924 machte sie den Bachelor-Abschluss. Bereits während ihres Studiums arbeitete sie für den Paläontologen Chester Stock (1892–1950) in den Teergruben von

Lebensbild des Knochenzahn-Vogels Osteodontornis von Nobu Tamura, http://spinops.blogspot.com

Rancho La Brea im Stadtgebiet von Los Angeles. Unter Loye Holmes Miller (1874–1970) von der „UCLA" erforschte sie den fossilen Truthahn *Paraparvo* aus Rancho La Brea. 1926 erhielt sie den Master-Abschluss in Berkeley und 1928 erfolgte ihre Promotion. Anschließend war sie fest am „Natural Museum of Los Angeles County" als Kurator angestellt. Sie untersuchte Vogelfossilien aus Rancho La Brea wie Truthähne, Adler, Geier, einen Wald-Ibis, Eulen und Geierfalken. Außerdem studierte sie Vogelfossilien aus der Green-River-Formation in Oregon, aus Höhlen in Nevada und Mexiko, aus Meeresablagerungen der Channel Islands in Kalifornien und Seevögel – wie den Alk *Mancalla* aus dem Miozän von Südkalifornien. Ab 1930 war sie mit dem Paläontologen Anson Wylde (1908–1984) verheiratet, der ebenfalls Rancho La Brea-Fossilien untersuchte. 1961 ging sie offiziell in den Ruhestand, blieb aber weiter bis in die 1990-er Jahre wissenschaftlich aktiv. Als erste Frau war sie Präsidentin der „Southern California Academy of Sciences". Hildegarde Howard starb am 28. Februar 1998 im Alter von 96 Jahren in Laguna Hills.

Der Kopf von *Osteodontornis orri* erreichte von der Schnabelspitze bis zum Hals eine Länge bis zu 40 Zentimetern. Die Augenhöhlen hatten eine maximale Länge von 5,3 Zentimetern. Wie Ruderfüßer besaß *Osteodontornis* ein Gelenk zwischen beiden Teilen des Unterkiefers und konnte diese dadurch beim Fang von Fischen oder Tintenfischen dehnen.

Als einzigartig gilt der Schnabel von *Osteodontornis*. Er war ebenso lang wie bei einem Pelikan aus der Gegenwart, aber gedrungener und stärker gerundet und trug an der Spitze einen Haken. Wenn *Osteodontornis* seinen Schnabel schloss, passten die zahnartigen Auswüchse des Unterkiefers in tiefe Furchen im Munddach des Oberkiefers.

Das Skelett von *Osteodontornis* war sehr leicht gebaut und an den Segelflug angepasst. Die Knochen wirken relativ dünn. Der Oberarmknochen (Humerus) war so lang wie bei einem Menschen und rund 3,5 Zentimeter dick. Wegen seines fragilen und leichten Skeletts konnte

*Lebensbild
des Knochenzahn-Vogels
Osteodontornis orri
von Piotr Gryz
aus Warschau*

*Lebensbild
des Knochenzahn-Vogels
Osteodontornis orri
von Piotr Gryz
aus Warschau*

Osteodontornis vermutlich nicht tauchen. Stattdessen fing er seine Nahrung wahrscheinlich schwimmend oder im Flug direkt von der Wasseroberfläche, so wie es heutige Fregattvögel tun.

Die langen und schlanken Beine sowie die Füße von *Osteodontornis* ähnelten denen einer überdimensional gebauten Sturmschwalbe (Hydrobatidae). Auch die Beine waren gut für den Segelflug geeignet. Während des Segelfluges ruhte der Kopf von *Osteodontornis* – wie bei heutigen Pelikanen und Reihern – auf den Schultern. Die Flügel wurden steif nach außen gestreckt. Flugmanöver, die Kraft und Schnelligkeit erfordern, waren nicht möglich.

Die zahnähnlichen Auswüchse an den Schnabelrändern von *Osteodontornis* eigneten sich ideal zum Ergreifen glitschiger Fische oder Kalmare (zehnarmige Tintenfische). Vielleicht hatte *Osteodontornis* – wie Pelikane – in der Halsgegend eine elastische Tasche zum Transport von Beutetieren.

Man vermutet, dass *Osteodontornis* gern Inseln mit hochgelegenen Plateaus bewohnte, die ihm den Start ermöglichten. Ständige nicht zu starke Winde waren sicherlich lebenswichtig für diesen großen Segelflieger. Möglicherweise wurde das Aussterben von *Osteodontornis* ausgelöst, als sich das Wetter stürmischer und abwechslungsreicher gestaltete.

Die Systematik der Pseudozahn-Vögel ist umstritten. Viele Experten rechnen sie zur Ordnung der Ruderfüßer (Pelicantiformes). Andere Fachleute glauben, dass diese Meeresvögel Merkmale der Ruderfüßer und der Röhrennasen (Procellariiformes) vereinen und sehen in ihnen einen Beweis eines gemeinsamen Ursprungs der beiden Ordnungen. Manche Wissenschaftler glauben auch, die Pseudozahnvögel seien mit den Gänsevögeln (Anseriformes) verwandt.

Dasornis

Im September 2008 berichtete der Frankfurter Paläornithologe Gerald Mayr im englischen Journal „Paleontology" über den bisher am besten erhaltenen Schädel des Knochenzahn-Vogels *Dasornis* aus dem Untereozän vor etwa 50 Millionen Jahren. Das Fossil mit der Fundnummer „SMNK-PAL 4017" wurde auf der Isle of Sheppey, etwa 40 Kilometer östlich von London, entdeckt und wird heute in der Sammlung des „Staatlichen Museums für Naturkunde Karlsruhe" („SMNK") aufbewahrt. Es ist ein weiterer Beleg dafür, dass einst riesige Vögel mit einer Flügelspannweite bis zu 5 Metern über Gewässer flogen, von denen damals die Gebiete von London, Essex und Kent bedeckt waren.

Gerald Mayr, der Leiter der Sektion Paläornithologie am Forschungsinstitut und Naturmuseum Senckenberg in Frankfurt am Main, gehört zu den Forschern, die *Dasornis* und seine fossilen Verwandten für entfernte Vorfahren unserer heutigen Enten und Gänse betrachten. „Stellen Sie sich eine segelnde Riesengans vor, die fast die Größe eines kleinen Flugzeugs hat", sagte Mayr und fügte hinzu: „Verglichen mit Vögeln, die wir heute kennen, wären das ziemlich bizarre Tiere. Das Außergewöhnliche an ihnen ist, dass sie entlang der Schneidekante ihrer Schnäbel scharfe, zahnähnliche Knochenvorsprünge hatten".

Zur Gattung *Dasornis* gehört als einzige heute noch gültige Art *Dasornis emuinus*, die 1854 von dem britischen Naturforscher und Paläontologen James Scott Bowerbank (1797–1877) erstmals wissenschaftlich beschrieben wurde. Bis 1847 war er aktiver Teilhaber einer Branntweinbrennerei. Zusammen mit sechs anderen Personen gründete er 1836 den „London Clay Club". 1847 hob er die „Paleontographical Society" aus der Taufe, welche Veröffentlichungen über unbeschriebene britische Fossilien ermöglichen sollte. Am meisten bekannt wurde Bowerbank durch seine Studien der britischen Schwämme. Seine wichtigste Publikation hieß „A History of the Fossil Fruits an Seeds of the London clay" (1840).

Bei der Erstbeschreibung von *Dasornis emuinus* verwandte Bowerbank den Artnamen *Lithornis emuinus*. Der Gattungsname *Lithornis* war 1840 von dem britischen Zoologen und Paläontologen Richard Owen (1804–1892) für einen Steißhuhnähnlichen flugfähigen Vogel geprägt

Britischer Naturforscher und Paläontologe
James Scott Bowerbank (1797–1877)

worden. Den heute gültigen Gattungsnamen *Dasornis* hat 1870 ebenfalls Richard Owen eingeführt.

Die Gattung *Dasornis* und die Art *Dasornis emuinus* sind im Laufe der Zeit mit vielen Namen belegt worden. Synonyme von *Dasornis* sind *Megalornis* (Harry Govier Seeley 1866), *Argillornis* (Richard Owen 1878), *Dasyornis* (Richard Lydekker 1891) und *Neptuniavis* (Colin James Oliver Harrison und Cyril Alexander Walker 1977). Synonyme von *Dasornis emuinus* sind *Argillornis emuinus* und *Lithornis emuinus* (beide James Scott Bowerbank 1854), *Megalornis emuianus* (Harry Govier Seeley 1866), *Dasornis londinensis* (Richard Owen 1870), *Argillornis longipennis* (Richard Owen 1878), *Dasornis londiniensis* (Richard Lydekker 1891), *Megalornis emuinus* (Kálmán Lambrecht 1921), *Argillornis longipes* (Kálmán Lambrecht 1933) und *Neptuniavis miranda* (Colin James Oliver Harrison und Cyril Alexander Walker 1977).

Das erste Fossil von *Dasornis emuinus* kam auf der Isle of Sheppey in Meeresablagerungen aus dem Untereozän zum Vorschein. Diese Ablagerungen werden als „London Clay" („Londoner Ton") bezeichnet und sind etwa 56 bis 49 Millionen Jahre alt. Der weiche, zähe, klebrige, bräunlich-graue „Londoner Ton" ist in Südost-England verbreitet, bis zu 100 Meter mächtig und bildet den Untergrund von London. Bei großen Bauvorhaben bereitet dieser Ton immer wieder Probleme. Im „Londoner Ton" hat man Fossilien von Pflanzen, Muscheln, Krabben, Krebsen, Hummern, vielen Fischarten, Schildkröten, Schlangen, Krokodilen, zahlreichen Vogelarten und einigen Säugetier-Arten gefunden.

Bei dem 1854 erstmals beschriebenen Fossil von der Isle of Sheppey handelte es sich um ein Fragment vom rechten Oberschenkelknochen (Femur), den man als Unterschenkelknochen (Tibiotarsus) fehldeutete. Der Kopf von *Dasornis* war von der Schnabelspitze bis zum Hals maximal 42 Zentimeter lang. Wie alle heutigen Vögel besaß *Dasornis* einen Schnabel aus Keratin. Dabei handelt es sich um die gleiche Substanz, die sich in menschlichen Haaren und Fingernägeln befindet.

*Lebensbild des Vogels Strigogyps
(früher Aenigmavis), rechts.
Links daneben ein primitives Nagetier Ailuravus
(langschwänziger Katzenvorläufer).
Zeichnung von Stanton F. Fink bei „Wikipedia"*

Aber *Dasornis* hatte zusätzlich knöcherne Pseudo-Zähne. Die Vögel der Gegenwart besitzen keine echten Zähne, die aus Dentin und Zahnschmelz bestehen. Ihre entfernten Vorfahren haben solche Zähne in der Kreidezeit vor mehr als 100 Millionen Jahren verloren. Vielleicht geschah dies, um Gewicht zu sparen und so das Fliegen zu erleichtern. Warum aber hatten die Pseudozahn-Vögel knöcherne Pseudo-Zähne? „Das hat mit der Ernährung zu tun", erklärte Gerald Mayr. Sehr wahrscheinlich hätten diese Vögel im Flug Fische und Kalmare von der Meeresoberfläche abgefischt. Mit einem gewöhnlichen Schnabel wäre es schwierig gewesen, die Beutetiere festzuhalten. Doch die knöchernen Pseudo-Zähne haben verhindert, dass der Fang wegrutschte.

Vermutlich hat man auch in Etterbeek (Belgien) in der Region Brüssel-Hauptstadt fossile Reste von Pseudozahn-Vögeln gefunden. Diese Fossilien stammen aus dem Lutetium (etwa 47,8 bis 41,3 Millionen Jahre), dem älteren Abschnitt des Mitteleozän.

In das Lutetium datiert man auch die Fossilien aus dem stillgelegten Ölschiefer-Tagebau Grube Messel bei Darmstadt in Südhessen. Bodenbewohnende Vögel in Messel waren der Laufvogel *Palaeotis weigelti*, der Hühnervogel *Paraortygoides messelensis*, der bis zu zwei Meter hohe Laufvogel *Gastornis geiselensis*, die „Messel-Ralle" *Messelornis cristata*, die mit den Seriema verwandten Vögel *Idiornis* und *Strigogyps* (früher *Aenigmavis*) und *Salmila robusta*. Wasservögel hat man bisher in Messel selten gefunden worden. Bekannt sind nur ein Verwandter der Flamingos und Lappentaucher namens *Juncitarsus merkeli*, der Ibis *Rhynchaeites messelensis* und der Pelikan *Masillastega recutirostris*. Baumbrüter waren der Tagschläfer *Paraprefica kelleri*, der „Messel-Hopf" *Messelirrisor*, der Spechtartige Vogel *Primozygodactylus*, die Segler *Parargornis messelensis* und *Scaniacypselus szarskii*, die Papageien *Pseudasturides macrocephalus*, *Serudaptes pohli* und *Psittacopes lepidus*, die Racke *Eocoracias brachyptera*, der Greifvogel *Messelastur gratulator*, der Eisvogelartige *Quasisyndactylus longibrachis*, die Kuckucksralle *Plesiocathartes*

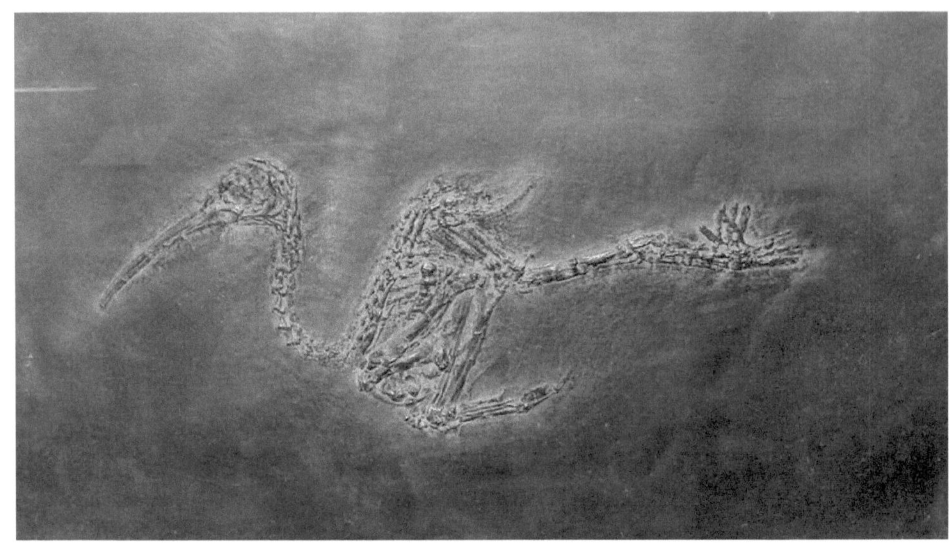

*Fossiler Ibis Rhynchaeites
aus der Grube Messel bei Darmstadt in Südhessen*

kelleri, der Schwalmvogel *Hassiavis laticauda*, verschiedene Eulenarten, Mausvögel und der Vogel *Eurofluvioviridavis*. Fossile Reste von Pseudozahn-Vögeln hat man bisher in der Grube Messel nicht geborgen.

Teile des Vogelskeletts

1 Schädel (Cranium)
2 Halswirbel
3 Gabelbein (Furcula)
4 Rabenbein (Coracoid)
5 Rippe
6 Brustbeinkamm (Carina sterni)
7 Kniescheibe (Patella)
8 Tarsometatarsus
9 erste Zehe
10 Tibiotarsus
11 Wadenbein (Fibula)
12 Oberschenkelknochen
13 Schambein
14 Sitzbein
15 Darmbein
16 Schwanzwirbel
17 Pygostyl
18 Synsacrum
19 Schulterblatt
20 Notarium
21 Oberarmknochen (Humerus)
22 Elle (Ulna)
23 Speiche
24 Carpometacarpus
25 Digitus minor
26 Digitus major
27 Daumen oder Alula (Digitus alulae)

Quelle: Wikipedia

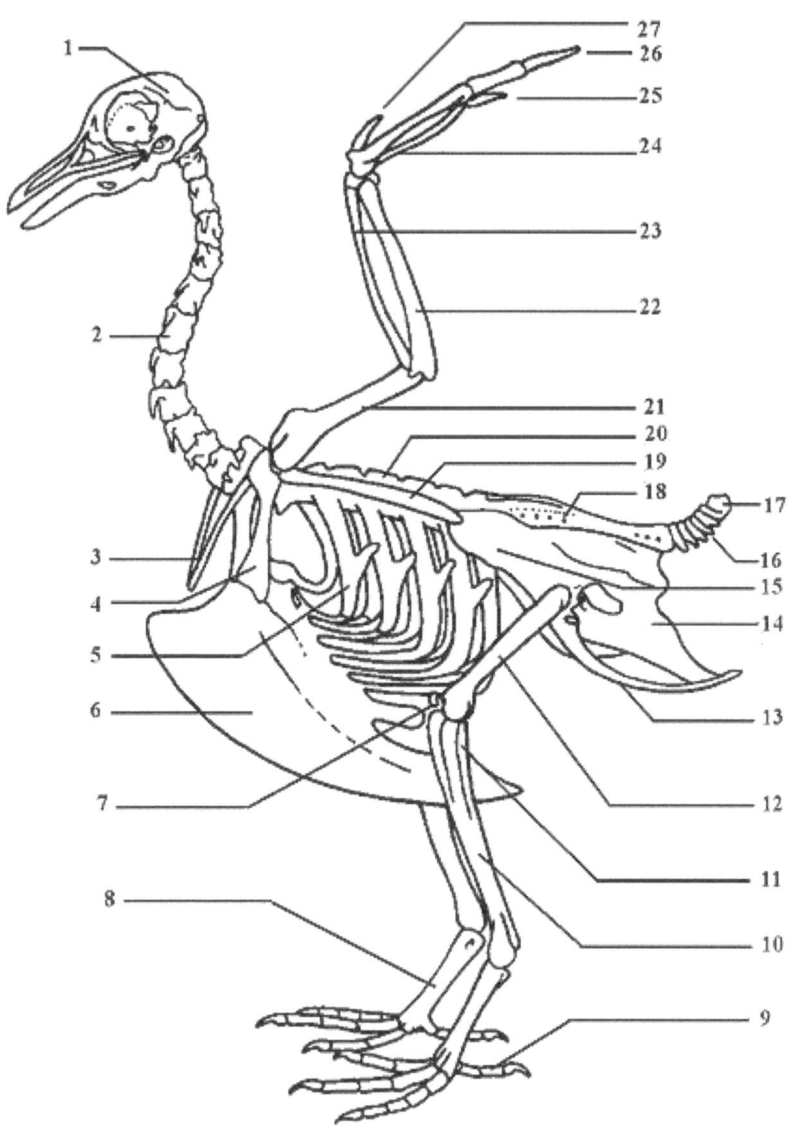

Literatur

COX, Barry / DIXON, Douglas / GARDINER, Brian / SAVAGE, R. J. G.: *Osteodontornis orri*. In: Dinosaurier und andere Tiere der Vorzeit, S. 180–181, München 1989

ELFF, Doris von: Riesenvogel mit knöchernen Pseudozähnen setzt neue Maßstäbe für Flügelspannweite von Vögeln. Pressemitteilung der Pressestelle Senckenberg Forschungsinstitut und Naturmuseum, Frankfurt am Main, 15. September 2010

HOWARD, Hildegarde: A gigantic „toothed" marine bird from the Miocene of California. Santa Barbara Museum of Natural History Bulleting (Geology Department) 1: 1–23, Santa Barbara 1957

KSEPKA, Daniel T.: Flight peformance of the largest volant bird. Proceedings of the National Academy of Sciences, Washington 2014

LINGENHÖHL, Daniel: Riesenvogel. Pelagornis – der A380 unter den Vögel. Spektrum der Wissenschaft, 8. Juli 2014

MAYR, Gerald: A skull of the giant bony-toothes *Dasornis* (Aves. Pelagornithidae) from the Lower Eocene of the Isle of Sheppey. Palaeontology, 26. September 2008

MAYR, Gerald: Paleogene Fossil Birds, Heidelberg & New York 2009

MAYR, Gerald / RUBILAR-ROGERS, David: Osteology of a new giant bony-toothed bird from the Miocene of Chile, with a revision of the taxonomy of Neogene Pelagornithidae. In: Journal of Vertebrate Paleontology, Band 30, Nr. 5, S. 1313–1330, Betheseda 2010

WIKIPEDIA (Online-Lexikon) Gerald Mayr
http://de.wikipedia.org/wiki/Gerald_Mayr
WIKIPEDIA (Online-Lexikon) Grube Messel
http://de.wikipedia.org/wiki/Grube_Messel
WIKIPEDIA (Online-Lexion) Hildegarde Howard
http://de.wikipedia.org/wiki/Hildegarde_Howard
WIKIPEDIA (Online-Lexikon) *Pelagornis chilensis*
http://de.wikipedia.org/wiki/Pelagornis_chilensis

WIKIPEDIA (Online-Lexikon) *Pelagornis sandersi*
http://en.wikipedia.org/wiki/Pelagornis_sandersi
WIKIPEDIA (Online-Lexikon) Pelagornithidae
http://de.wikipedia.olrg/Wiki/Pelagornithidae

Bildquellen

Ghedoghedo / CC-BY-SA3.0: 1 (via Wikimedia Commons)
lizensiert unter CreativeCommons-Lizenz by-sa-3.0-en,
http://creativecommons.org/licenses/by-sa/3.0/legalcode
Illustration von Kelly Lance,
Science & Technology Illustration & Design,
http://www.kellylance.com: 4
Stanton F. Fink / CC-BY-SA3.0: 6 (via Wikimedia Commons),
lizensiert unter CreativeCommons-Lizenz by-sa-3.0-en,
http://creativecommons.org/licenses/by-sa/3.0/legalcode
Antje Püpke, Berlin, www.fixebilder.de: 8
Museum of Toulouse / CC-BY-SA3.0: 10 (via Wikimedia Commons)
lizensiert unter CreativeCommons-Lizenz by-sa-3.0-en,
http://creativecommons.org/licenses/by-sa/3.0/legalcode
Ryan Somma / CC-BY-SA2.0: 12 (via Wikimedia Commons),
lizensiert unter CreativeCommons-Lizenz by-sa-2.0-en,
http://creativecommons.org/licenses/by-sa/2.0/legalcode
Didier Descouens / CC-BY-SA3.0: 13 oben,
lizensiert unter CreativeCommons-Lizenz by-sa-3.0-en,
http://creativecommons.org/licenses/by-sa/3.0/legalcode
Reproduktion einer Zeichnung aus einem Artikel von Antoine Louchart,
Jean-Yves Sire, Cécile Mourer-Chauviré, Denis Geraads, Laurent Viriot,
Vivian de Buffrénil in „Public Library of Science" / CC-BY2.5: 13
unten (via Wikimedia Commons),
lizensiert unter CreativeCommons-Lizenz by-2.5-en,
http://creativecommons.org/licenses/by/2.5/legalcode
Ghedoghedo / CC-BY-SA3.0: 14 (via Wikimedia Commons)

Autor Ernst Probst

Der Autor

Ernst Probst, geboren am 20. Januar 1946 in Neunburg vorm Wald im bayerischen Regierungsbezirk Oberpfalz, ist Journalist und Wissenschaftsautor. Er arbeitete von 1968 bis 1971 als Redakteur bei den „Nürnberger Nachrichten", von 1971 bis 1973 in der Zentralredaktion des „Ring Nordbayerischer Ta-geszeitungen" in Bayreuth und von 1973 bis 2001 bei der „Allgemeinen Zeitung", Mainz. In seiner Freizeit schrieb er Artikel für die „Frankfurter Allgemeine Zeitung", „Süddeut-sche Zeitung", „Die Welt", „Frankfurter Rundschau", „Neue Zürcher Zeitung", „Tages-Anzeiger", Zürich, „Salzburger Nachrichten", „Die Zeit", „Rheinischer Merkur", „Deutsches Allgemeines Sonntagsblatt", „bild der wissenschaft", „kos-mos", „Deutsche Presse-Agentur" (dpa), „Associated Press" (AP) und den „Deutschen Forschungsdienst" (df). Aus seiner Feder stammen die Bücher „Deutschland in der Urzeit" (1986), „Deutsch-land in der Steinzeit" (1991), „Rekorde der Urzeit" (1992), „Dinosaurier in Deutschland" (1993 zusammen mit Raymund Windolf) und „Deutschland in der Bronzezeit" (1996). Von 2001 bis 2006 betätigte sich Ernst Probst als Buchverleger sowie zeitweise als internationaler Fossilien-händler und Antiquitätenhändler. Insgesamt veröffentlichte er mehr als 300 Bücher, Taschenbücher, Broschüren und über 300 E-Books.

Lebensbild des Laufvogels Gastornis
(früher Diatryma genannt)
von Monika Betley bei „Wikipedia"

Bücher von Ernst Probst

Aepyornis. Der Vogel, der die größten Eier legte
Archaeopteryx. Die Urvögel aus Bayern
Argentavis. Der größte fliegende Vogel
Brontornis. Riesenvögel in Argentinien
Dinornis. Der größte Vogel aller Zeiten
Dromornis. Der schwerste Vogel aller Zeiten
Gastornis. Der verkannte Terrorvogel
Harpagornis. Der größte Greifvogel der Neuzeit
Hesperornis. Der große Vogel des Westens
Pelagornis. Der größte Meeresvogel
Phorusrhacos. Der riesige Terrorvogel
Rekorde der Urzeit. Landschaften, Pflanzen und Tiere
Rekorde der Urmenschen. Erfindungen, Kunst
und Religion
Tiere der Urwelt. Leben und Werk
des Berliner Malers Heinrich Harder
Dinosaurier von A bis K. Von Abelisaurus
bis zu Kritosaurus
Dinosaurier von L bis Z. Von Labocania
bis zu Zupaysaurus
Dinosaurier in Deutschland
Dinosaurier in Baden-Württemberg
Dinosaurier in Bayern
Dinosaurier in Niedersachsen
Raub-Dinosaurier von A bis Z
Der Ur-Rhein. Rheinhessen vor zehn Millionen Jahren
Als Mainz noch nicht am Rhein lag
Der Rhein-Elefant. Das Schreckenstier von Eppelsheim
Krallentiere am Ur-Rhein

Menschenaffen am Ur-Rhein
Säbelzahntiger am Ur-Rhein
Johann Jakob Kaup. Der große Naturforscher
aus Darmstadt
Säbelzahnkatzen. Von Machairodus bis zu Smilodon
Die Säbelzahnkatze Machairodus
Die Säbelzahnkatze Homotherium
Die Dolchzahnkatze Megantereon
Die Dolchzahnkatze Smilodon
Deutschland im Eiszeitalter
Der Mosbacher Löwe
Höhlenlöwen. Raubkatzen im Eiszeitalter
Der Höhlenlöwe
Eiszeitliche Raubkatzen in Deutschland
Eiszeitliche Geparde in Deutschland
Eiszeitliche Leoparden in Deutschland
Löwenfunde in Deutschland, Österreich
und der Schweiz
Der Höhlenbär
Das Mammut
Monstern auf der Spur. Wie die Sagen über Drachen, Riesen
und Einhörner entstanden
Affenmenschen. Von Bigfoot bis zum Yeti
Nessie. Das Monsterbuch
Seeungeheuer. 100 Monster von A bis Z
Tiere der Urwelt. Leben und Werk des Berliner Malers
Heinrich Harder

Bestellungen bei: www.grin.com